JN302597

動物のちえ ❺

ともに生きる ちえ

イソギンチャクとくらすクマノミ ほか

元井の頭自然文化園園長 **成島悦雄** 監修

地球には、たくさんの動物がくらしています。
そして、それらの動物たちは、おたがいに
「食べる、食べられる」という関係でつながっています。
しかし、動物たちの関係は、そればかりではありません。
ほかの動物と助け合う、ほかの動物を利用するなど、
ともに生きる関係で、つながっていることもあります。

ここは、植物のくきの上。
1ぴきのクロオオアリが、
群がるアブラムシのそばを
いそがしく動きまわっています。
なにをしているのでしょうか。

クロオアリ

女王アリを中心とした群れをつくる。日当たりのよい、かわいた地面の下に巣をつくり、春から秋にかけて活動する。

分類 ● 昆虫類ハチ目（膜翅目）アリ科
体長 ● 7〜13mm（働きアリ）
食べ物 ● 昆虫の死がいなど
生息環境 ● 畑、林道、市街地
分布 ● 朝鮮半島、中国、日本（北海道〜九州）

アブラムシ

世界じゅうに3000種以上もいる昆虫のグループで、アリマキともよばれる。ストローのような口を植物につきさしてしるを吸う。

分類●昆虫類カメムシ目（半翅目）アリマキ上科
体長●1〜4mm
食べ物●植物のしる
生息環境●森林、草原、市街地など
分布●世界の広い地域

クロオアリが触角で、アブラムシの体に、とんとんとふれました。
すると、それにこたえるかのように、
アブラムシが、おしりからぷわんと、透明なしるを出しました。

みつのようにあまい、このしるは、クロオアリの大好物です。
クロオアリは、しるが欲しくて、アブラムシのそばにいるのです。

クロオオアリがいることで、アブラムシにも、いいことがあります。

アブラムシは、体がやわらかく、身を守る武器をもっていないので、
そのままでは、かんたんに、ほかの昆虫に食べられてしまいます。
しかし、あまいしるを出すことで、クロオオアリがそばにいて、
テントウムシなど、アブラムシを食べようと近づいてくる敵を、
大きなあごでかみつくなどして、追いはらってくれます。

クロオオアリは、好物のあまいしるを手に入れ、
アブラムシは、強力なガードマンを手に入れました。
クロオオアリとアブラムシは助け合って、ともに生きています。

身を守るために
ともに生きるちえ

動物には、さまざまにちえを使い、
ちがう種類の動物とともに生きることで、
敵から身を守るものがいます。

海の中の岩などに
張りついてくらす、イソギンチャクは、
海にすむ多くの動物に、きらわれています。
触手に毒針をもっていて、それで動物をさし、
とらえて食べてしまうからです。

動物が、イソギンチャクの触手にふれると、
中から毒針が飛びだして体にささり、
毒でしびれて、動けなくなってしまいます。
イソギンチャクは、それをたぐりよせ、
食べてしまうというわけです。

そこで、いろいろな動物が、ちえをしぼり、
逆にイソギンチャクとともにくらすことで、
敵から身を守ろうとしています。

ウメボシイソギンチャク

赤い体をしている。触手を全部引っこめて丸くなると、梅干しに似ていることから、この名前がついた。

分類 ● 刺胞動物イソギンチャク目ウメボシイソギンチャク科
体長 ● 直径約4cm
食べ物 ● 小型の甲殻類、魚など
生息環境 ● 水深1mぐらいまでの岩場
分布 ● 北大西洋、地中海、日本（本州中部〜九州）

サンゴ礁にすむ、ソメンヤドカリは、
タコの大好物。
タコに見つかったら、たちまちつかまって、
食べられてしまいます。

そこでソメンヤドカリは、
ちえをしぼりました。

自分が入っている貝がらに、
ベニヒモイソギンチャクを、いくつも
くっつけておくのです。

これなら、まわりの景色にまぎれて、
タコから見つかりにくくなるばかりか、
たとえ見つかっても、
タコは、イソギンチャクの触手から
飛びだす毒針がいやで、
ソメンヤドカリを食べることができません。

けれども、ソメンヤドカリが、
イソギンチャクの毒針にさされることは
ないのでしょうか。

それは、だいじょうぶです。

じつは、ベニヒモイソギンチャクも、
ヤドカリのかつぐ貝がらに乗っていれば、
いろいろな場所に移動しながら
食べ物を取ることができて、そのうえ、
ヤドカリの食べ残しをもらうことも
できるので、都合がいいのです。

それで、ソメンヤドカリを
毒針でさすこともなく、おとなしく
からにつけられたままになっています。

ソメンヤドカリ

成長して、大きい貝がらに引っこすときには、ついているイソギンチャクも新しい貝がらに移す。夜に活動する。

分類 ● 甲殻類エビ目（十脚目）ヤドカリ科
甲長 ● 約4cm
食べ物 ● 貝類、小型の甲殻類など
生息環境 ● 岩場やサンゴ礁
分布 ● インド洋～西太平洋、日本（房総半島以南）

ベニヒモイソギンチャク

ソメンヤドカリといっしょにいるところしか発見されていない。

分類 ● 刺胞動物イソギンチャク目 クビカザリイソギンチャク科
体長 ● 直径3〜6cm
食べ物 ● 小型の甲殻類、魚など
生息環境 ● 岩場やサンゴ礁
分布 ● インド洋〜西太平洋、日本（本州中部以南）

10

カニのなかまにも、ソメンヤドカリと
同じ目的で、イソギンチャクとともに
くらすものがいます。

サンゴ礁にすむ、キンチャクガニです。
キンチャクガニのはさみには、
内側に向いたとげがならんでいます。

キンチャクガニは、このはさみで、
イソギンチャクをしっかりはさんで、
持ちあるくのです。

これなら、キンチャクガニは、
敵がおそってきても、持っている
イソギンチャクを敵にふりかざせば、
追いはらうことができます。
イソギンチャクも、
カニといっしょにあちこちに行って、
えものをとらえることができます。

キンチャクガニ

どんなに小さいキンチャクガニでも、イソギンチャクを持ちあるいている。このイソギンチャクの種類は、まだわかっていない。えものを食べるときは、一方のはさみあしで2ひきのイソギンチャクをかかえこみ、空いたはさみあしを使う。

分類 ● 甲殻類カニ目(十脚目)オウギガニ科
甲長 ● 1〜1.5cm
食べ物 ● プランクトンなど
生息環境 ● サンゴ礁
分布 ● インド洋〜西太平洋、日本(伊豆諸島、琉球列島)

サンゴ礁でくらす、クマノミという魚は、
泳ぎがあまりじょうずではありません。
そのため、大きな魚などにねらわれたら、
かんたんに食べられてしまいます。

そこでクマノミは、ちえをはたらかせました。

イソギンチャクをすみかにして、
いっしょにくらすことにしたのです。

クマノミは、イソギンチャクといっしょにいても、
その毒針でさされることはありません。クマノミは
自分の体をぬるぬるした液でおおっていて、それで
イソギンチャクに、えものだと思われないようです。

クマノミは、イソギンチャクの触手の間にいれば、
敵は毒針をおそれて、おそってくることはありません。
イソギンチャクも、クマノミがそばにいれば、
食べ残しをもらったり、クマノミを食べようと近づく
魚に毒針をさし、とらえたりすることができます。

センジュイソギンチャク

細長い触手がたくさん生えている。体の色は、赤茶色から紫がかった茶色まで、さまざまある。

分類●刺胞動物イソギンチャク目ハタゴイソギンチャク科
体長●直径40〜100cm
食べ物●小型のエビやカニ、魚など
生息環境●サンゴ礁
分布●インド洋〜西太平洋、日本（奄美諸島以南）

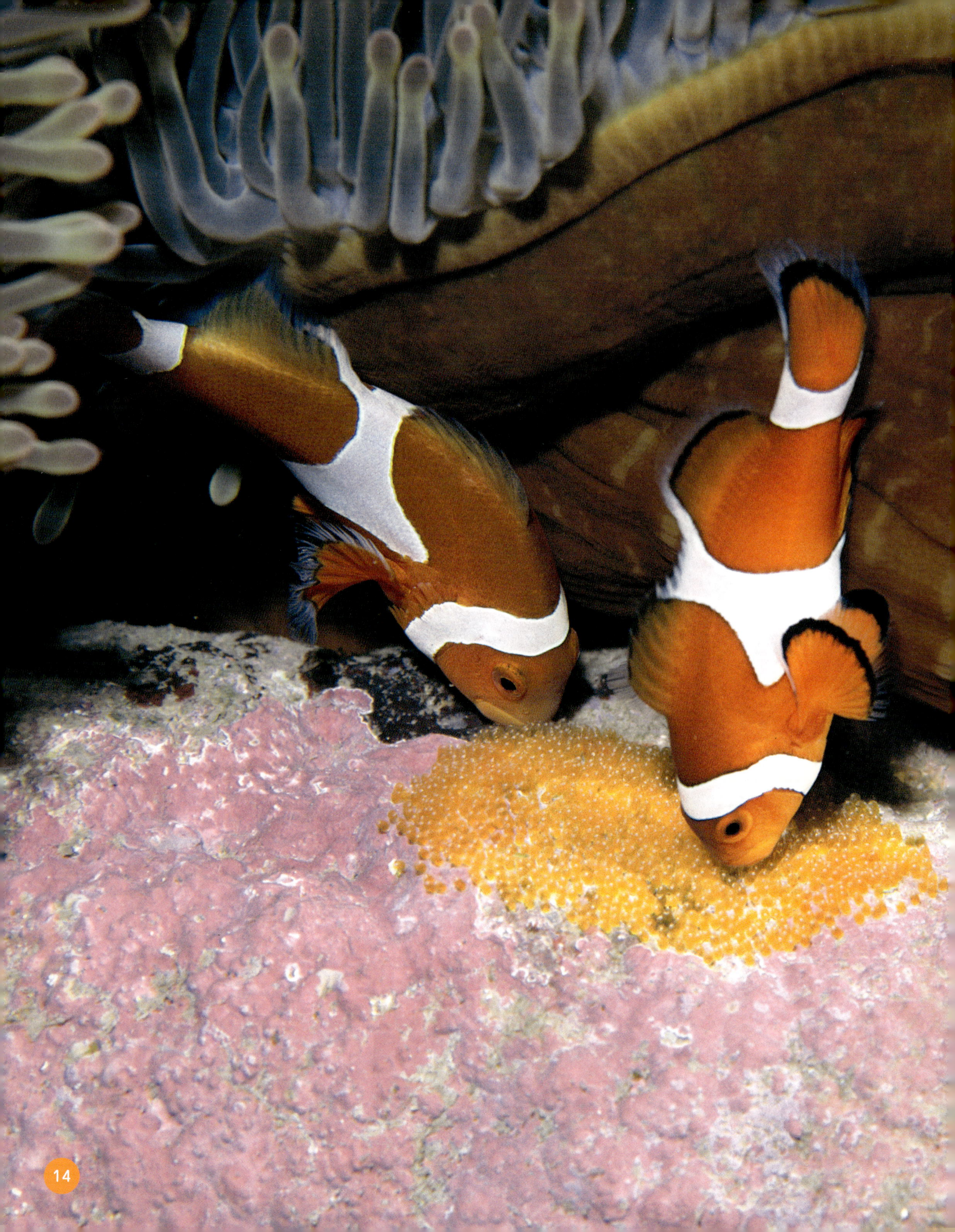

さらにクマノミは、
ちえを使います。

イソギンチャクが張りついている
岩に、卵を産みつけるのです。

そこは、イソギンチャクの触手が
ふれるかふれないかの場所。
こんなに安全な産卵場所は、
ほかに、なかなかないでしょう。

カクレクマノミ

すみかのイソギンチャクのまわり50センチメートルほどをなわばりにして、そこからほとんど出ない。近づいてくる魚は、自分より大きくても、立ちむかって追いはらう。

分類 ● 魚類スズキ目スズメダイ科
全長 ● 約9cm
食べ物 ● 小さなエビやカニ
生息環境 ● サンゴ礁
分布 ● インド洋〜西太平洋、日本（奄美諸島以南）

細長い体をした、ヒメダテハゼという魚は、
敵から身をかくせる場所がないと、
おちつきません。
そのいっぽう、テッポウエビは、
砂地に細長い巣穴をほるのが得意です。

そこでヒメダテハゼは、ちえを使います。

かくれる場所の少ない砂地では、
テッポウエビの巣穴に、いっしょに
すまわせてもらうことにしたのです。

テッポウエビの巣穴は、じゅうぶん広く、
ヒメダテハゼが入ってもだいじょうぶです。
これでヒメダテハゼは、夜、巣穴の中で、
安心して休むことができます。

そのかわりに、ヒメダテハゼは、昼間、
巣穴の入り口に尾びれを差しこんで、
外のようすをうかがい、見張りをします。

テッポウエビは、昼間、巣穴の外に出て
食べ物をさがしますが、そのときはいつも、
触角でヒメダテハゼの体にふれています。

そうすれば、危険が近づいたとき、
ヒメダテハゼが尾びれをふって
知らせてくれるので、テッポウエビも、
いち早く巣穴ににげこむことができます。

ニシキテッポウエビ

大きなはさみでパチンという大きい音を出して、敵をおどす。巣穴の直径は2～3センチメートルだが、深さは、ななめに1メートル以上もある。

分類 ● 甲殻類エビ目（十脚目）テッポウエビ科
体長 ● 4～4.5cm
食べ物 ● 砂の中の生物の死がいなど
生息環境 ● サンゴ礁域の貝がらが混じった砂地
分布 ● インド洋〜西太平洋、日本（千葉県以南）

ヒメダテハゼ

目は上向きについていて、飛びだしている。
白い体に赤茶色のしま模様がめだつ。

分類●魚類スズキ目ハゼ科
全長●最大13cm
食べ物●砂の中の微生物
生息環境●サンゴ礁域の貝がらが混じった砂地
分布●インド洋〜太平洋、日本（南西諸島）

食べるためにともに生きるちえ

動物には、さまざまにちえを使い、ちがう種類の動物とともに生きることで、食べ物をじょうずに取るものがいます。

ウシツツキは、アフリカにすむ鳥です。
おもな食べ物は小さな虫なので、生きていくためには、
あちこち飛びまわって、たくさん食べなければなりません。

そこでウシツツキは、ちえをしぼります。

スイギュウやサイなど、大型の草食動物の背中に
乗って、いっしょにくらすことにしたのです。

そうすれば、動物の体についている寄生虫を
かんたんに取って食べることができます。

キバシウシツツキ

くちばしが黄色いのが名前の由来。くちばしの先と目は赤い。つめがするどく、動物の皮ふにぶら下がることができる。

- 分類 ● 鳥類スズメ目ムクドリ科
- 全長 ● 約20cm
- 食べ物 ● 昆虫やダニなど
- 生息環境 ● 草原
- 分布 ● アフリカ

いっぽうで、大型の草食動物のほうも、
寄生虫がいなくなって、健康でいられます。

ウシツツキは、一生のほとんどの時間を、
大型の草食動物の背中で過ごします。
するどいつめで、動物にしっかりしがみつき、
背中の上で食べ物を取り、眠り、
ときには動物の尾や、たてがみをむしり取って、
背中に巣をつくることもあります。

敵が近づくと、つついて動物に知らせてから、
自分も、動物の体のかげにかくれます。

アフリカスイギュウ

100頭以上の大きな群れでくらし、ときには1000頭をこえる大群になることがある。角は、オスにもメスにもある。

分類 ● ほ乳類ウシ目（偶蹄目）ウシ科
体長 ● 2～3.4m　体重 ● 300～900kg
食べ物 ● 草　生息環境 ● 草原
分布 ● アフリカ

ウシツツキは、大型の草食動物の背中に乗ってくらしますが、
同じくアフリカにすむ、ベニハチクイという鳥は、
アフリカオオノガンという、大きい鳥の背中に乗ってくらします。
やはり、かんたんに食べ物の虫を手に入れるためです。

ところで、アフリカオオノガンは、大きい鳥とはいっても、
大型の草食動物にくらべれば、たいした大きさではありません。
背中に、ベニハチクイのような鳥にとまられて、
じゃまではないのでしょうか。

ベニハチクイ

ミツバチを好んで食べる。川沿いのがけ
などに横穴をほって、卵を産む。

分類 ● 鳥類ブッポウソウ目ハチクイ科
全長 ● 約35cm　食べ物 ● 昆虫
生息環境 ● 草原　分布 ● アフリカ中部

じつは、アフリカオオノガンは、
ふだんから、目や口のまわりにたかる
ハエなどの小さい虫に、
とても手を焼いています。

ブンブン飛ぶ、うるさい虫たちを、
ベニハチクイは食べてくれるので、
アフリカオオノガンにとっては、
じゃまどころか、ありがたいでしょう。

それで、まったくいやがることなく、
いつも背中にベニハチクイを乗せて、
いっしょにくらしているのです。

アフリカオオノガン

長い足で歩いて、食べ物をさがす。敵が近づくと、走ってにげる。

分類 ● 鳥類ノガン目ノガン科
全長 ● 約137cm　体重 ● 11〜19kg
食べ物 ● 昆虫、小動物、植物の根
生息環境 ● 草原
分布 ● アフリカ東部・南部

アフリカにすむ、ノドグロミツオシエという鳥は、
ミツバチの巣や幼虫が大好物。
けれど、せっかくハチの巣を見つけても、
アフリカのミツバチは、土の中や木のうろなどに
巣をつくるので、ほりだすのは、たいへんです。

そこでノドグロミツオシエは、ちえを使います。

穴ほりがじょうずで、はちみつが大好きな、
ラーテルという動物に、ハチの巣をほりだしてもらうのです。
ラーテルの皮ふは、とてもじょうぶで、ライオンのつめや
きばも通りにくく、ハチにさされても平気です。

ノドグロミツオシエは、ハチの巣を見つけると、
特別な鳴き声で、ラーテルの気を引いて、巣へと導きます。
ラーテルは、とことこ、そのあとをついていきます。

ノドグロミツオシエ

巣は自分でつくらず、ほかの鳥の巣に卵を産み、その鳥に育ててもらう。

分類 ● 鳥類キツツキ目ミツオシエ科
全長 ● 約20cm
食べ物 ● 昆虫、ハチの巣
生息環境 ● 森林
分布 ● アフリカ

ノドグロミツオシエは、ハチの巣がある場所に着くと
鳴きやんで、近くの木の枝にとまります。
ラーテルは、ハチの巣を見つけると、
長いつめでほりだして、はちみつを食べます。

ラーテルが食べ終わると、いよいよ、近くで待っていた
ノドグロミツオシエの番です。ラーテルが去ったあと、
食べ残しのハチの巣を食べます。

ノドグロミツオシエは、ラーテルのおかげでハチの巣を
手に入れ、ラーテルも、ノドグロミツオシエのおかげで
好物のはちみつを食べることができました。

ラーテル

じょうぶな皮ふ、するどい歯と、つめをもつ。敵が近づくと、おしりからくさいしるを出す。

分類 ● ほ乳類ネコ目（食肉目）イタチ科
体長 ● 60〜80cm　尾長 ● 20〜30cm
体重 ● 7〜13kg
食べ物 ● はちみつ、昆虫、は虫類、鳥、小型のほ乳類
生息環境 ● かわいた草原や砂漠、森林など
分布 ● アフリカ〜西アジア〜インド

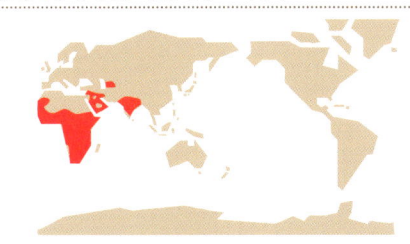

健康のために
ともに生きるちえ

動物には、さまざまにちえを使い、
ちがう種類の動物とともに生きることで、健康を保つものがいます。

アフリカの草原にすむ、イボイノシシは
体について血を吸う寄生虫に、手を焼いています。
寄生虫がふえると、病気になったり、
それがもとで命を落としたりするのです。
けれど、イボイノシシは、自分では
寄生虫を取りのぞくことができません。

そこでイボイノシシは、ちえをしぼります。

シママングースに手伝ってもらうのです。
イボイノシシは、シママングースに出会うと、
ねそべって、「そうじをして」と、さいそくします。
するとシママングースは、イボイノシシの体に登り、
細い指で寄生虫を取りのぞいて、食べてくれます。

これでイボイノシシは、病気に
かからず、健康を保つことができます。
シママングースも、かんたんに
食べ物を手に入れることができます。

イボイノシシ

メスと子どもで群れをつくる。イノシシのなかまのなかでは足が長い。敵に出会うと、最高時速55キロメートルで走ってにげる。

分類 ● ほ乳類ウシ目（偶蹄目）イノシシ科
体長 ● 90〜150cm　体重 ● 50〜150kg
食べ物 ● 植物の葉、根、果実など
生息環境 ● 草原　分布 ● アフリカ

シママングース

血のつながった家族が集まって大きな群れをつくり、地下の巣穴にすむ。

分類 ● ほ乳類ネコ目（食肉目）マングース科
体長 ● 30〜45cm　尾長 ● 20〜30cm
体重 ● 1〜2.5kg
食べ物 ● 昆虫、小動物
生息環境 ● 草原　分布 ● アフリカ

サンゴ礁にすむ、大型の魚のアザハタも、
体や口の中につく寄生虫に、
いつも、なやまされています。
寄生虫がたくさんつくと、
病気になって、死ぬこともあります。

そこでアザハタは、ちえを使います。

アカシマシラヒゲエビのすみかに行き、
体についた寄生虫を取ってもらうのです。

アザハタが、このエビに近づくと、
エビは、アザハタの体に飛びうつり、
体の上をあちこち歩きまわって、
アザハタの体についた寄生虫や
口の中の食べかすを食べてくれます。

アザハタは、肉食の魚ですが、
けっして、このエビを食べることはなく、
できるだけ大きく口を開けて、
そうじをしてもらいます。

アザハタは、このエビのおかげで、
健康を保つことができます。
エビのほうも、食べ物をかんたんに
手に入れることができて、また、
大きなアザハタのそばにいる間は、
食べようとする敵にねらわれる危険も
少ないので、安心です。

アザハタ

体に細かい赤いはん点の模様がある。
若いときの体の色は紺色。

分類 ● 魚類スズキ目ハタ科
全長 ● 30～57cm
食べ物 ● 魚、エビ、カニなど
生息環境 ● サンゴ礁や岩場
分布 ● インド洋～西太平洋、日本南部

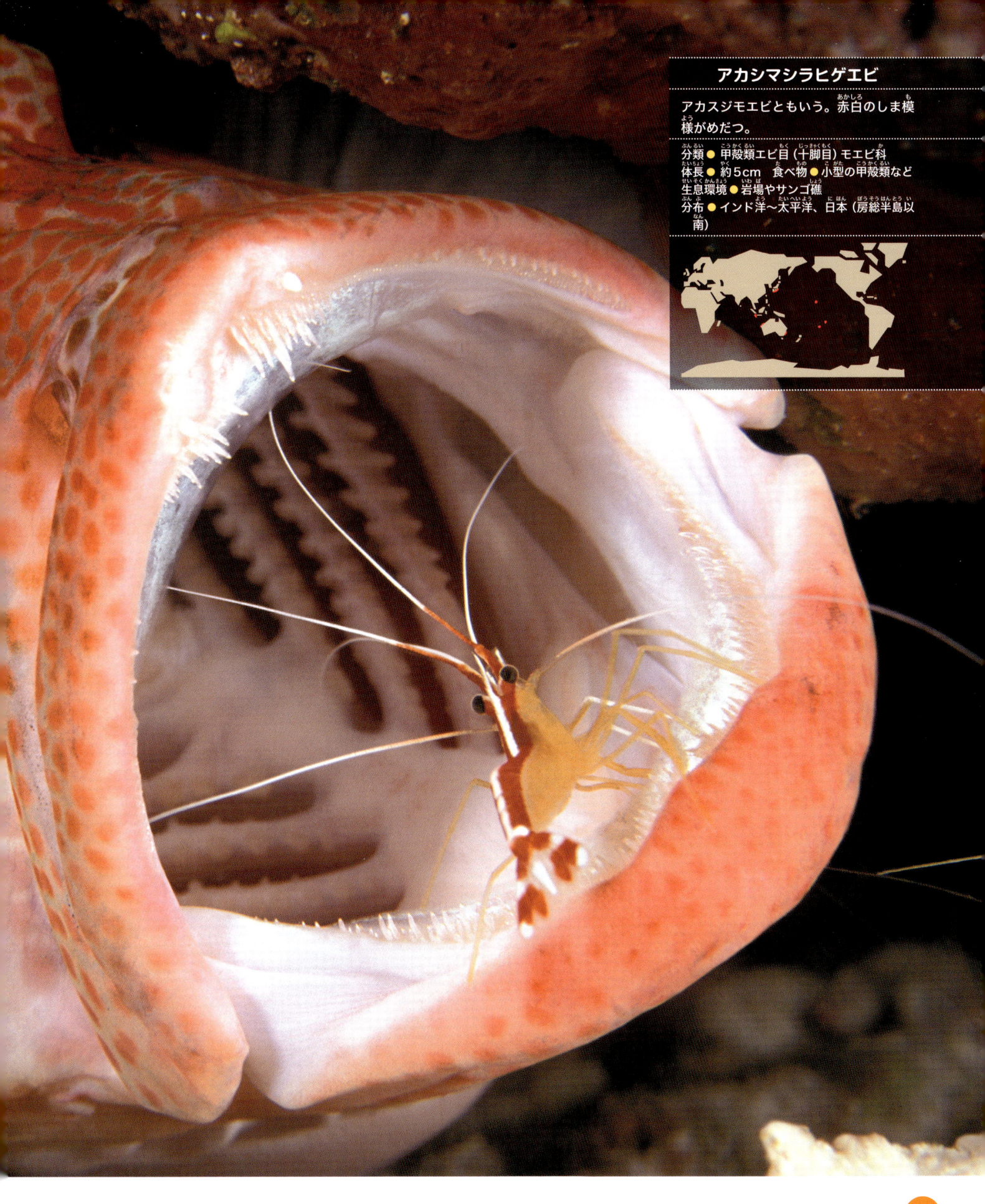

アカシマシラヒゲエビ

アカスジモエビともいう。赤白のしま模様がめだつ。

分類 ● 甲殻類エビ目（十脚目）モエビ科
体長 ● 約5cm　食べ物 ● 小型の甲殻類など
生息環境 ● 岩場やサンゴ礁
分布 ● インド洋〜太平洋、日本（房総半島以南）

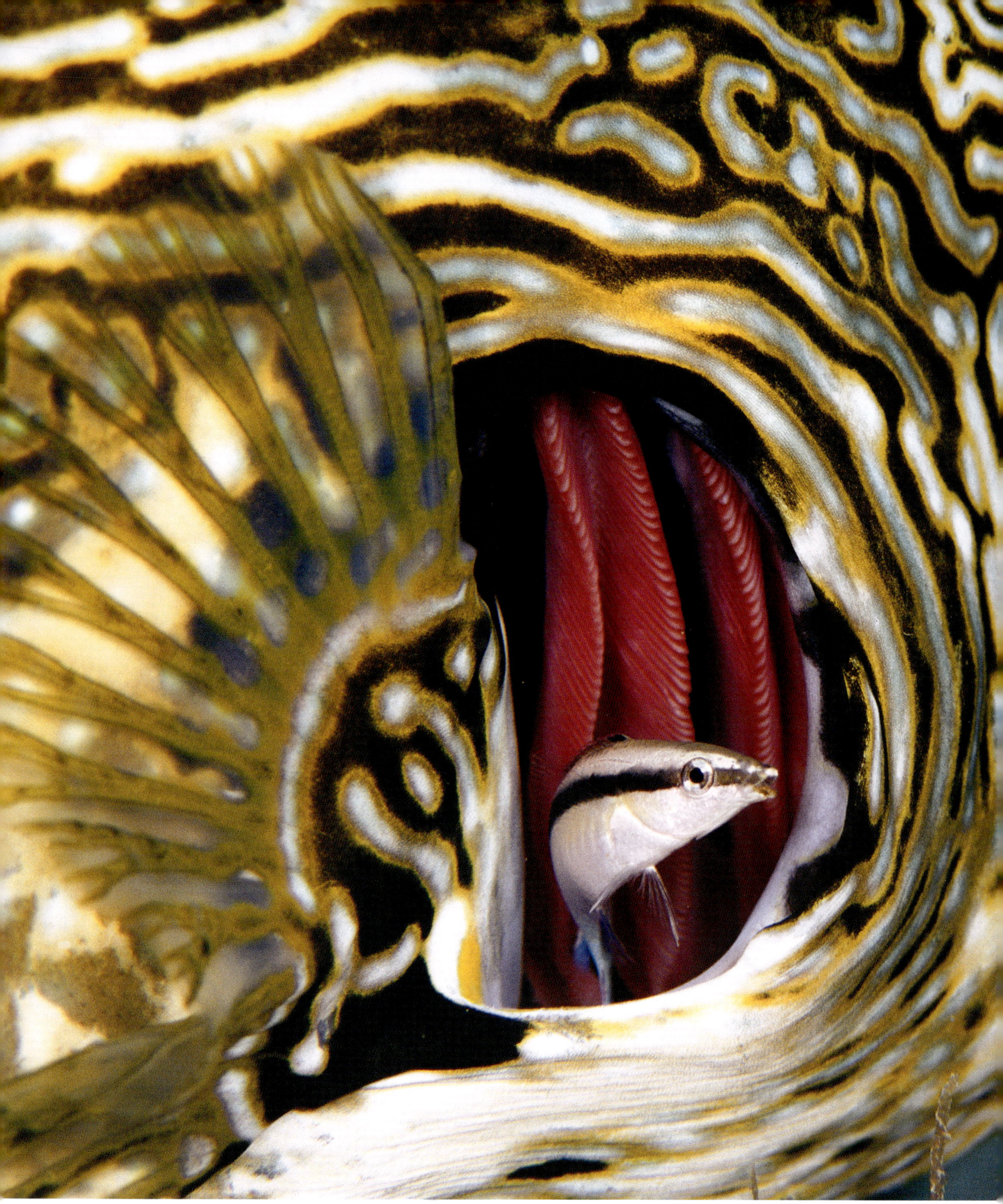

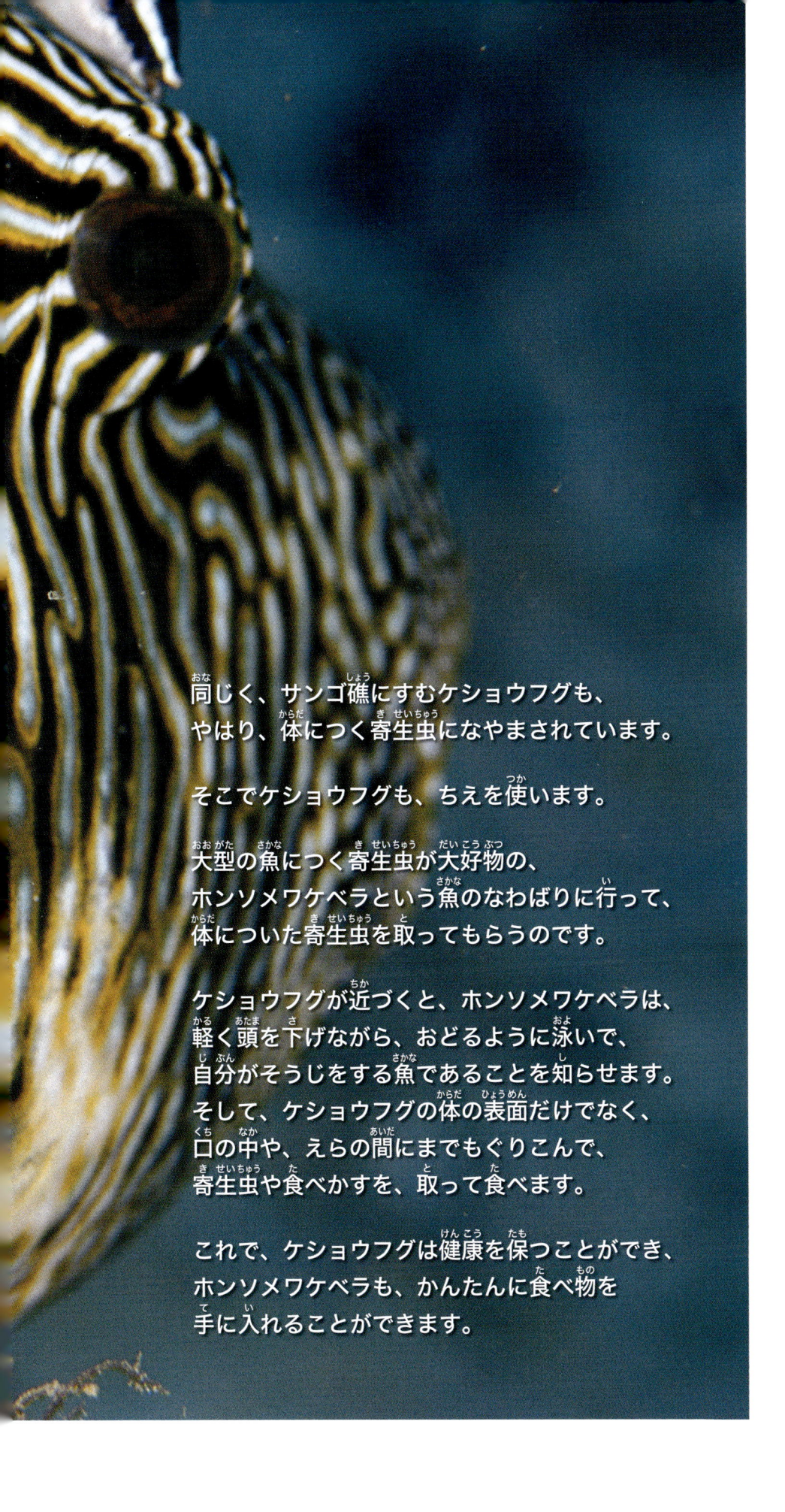

同じく、サンゴ礁にすむケショウフグも、
やはり、体につく寄生虫になやまされています。

そこでケショウフグも、ちえを使います。

大型の魚につく寄生虫が大好物の、
ホンソメワケベラという魚のなわばりに行って、
体についた寄生虫を取ってもらうのです。

ケショウフグが近づくと、ホンソメワケベラは、
軽く頭を下げながら、おどるように泳いで、
自分がそうじをする魚であることを知らせます。
そして、ケショウフグの体の表面だけでなく、
口の中や、えらの間にまでもぐりこんで、
寄生虫や食べかすを、取って食べます。

これで、ケショウフグは健康を保つことができ、
ホンソメワケベラも、かんたんに食べ物を
手に入れることができます。

ケショウフグ

体のはでな模様がめだつ。体の色は、さまざまある。

分類 ● 魚類フグ目フグ科
全長 ● 約60cm
食べ物 ● 海そう、ホヤ、エビ、カニなど
生息環境 ● サンゴ礁
分布 ● インド洋～太平洋、日本（紀伊半島以南）

ホンソメワケベラ

細長い体をしている。決まったなわばりをもち、そこにやってくるさまざまな魚のそうじをする。そうじをすることで、ほとんどの食べ物を手に入れている。

分類 ● 魚類スズキ目ベラ科
全長 ● 約12cm
食べ物 ● 小型の甲殻類など
生息環境 ● 浅い海の岩場やサンゴ礁
分布 ● インド洋～太平洋、日本（千葉県以南）

ほかの動物を利用するちえ

動物には、さまざまにちえを使い、ほかの種類の動物を利用することで、
身を守ったり、食べ物を手に入れたりする、ちゃっかりものもいます。

体が小さいガンガゼエビには、食べようとねらう敵がたくさんいます。
そこでガンガゼエビは、ちえをしぼりました。

ガンガゼというウニの、とげの間にすむことにしたのです。

ガンガゼのとげはとても長く、体にささると、はれあがって危険です。
そのため、ほとんどの動物は、ガンガゼには近寄りません。

ガンガゼエビは細長く、おまけに、ガンガゼのとげと同じむらさき色。
ちらっと見ただけでは、とげと見分けがつきません。
そのうえ、いつも頭を下にして、とげにつかまっていて、
敵に見つかっても、とげを伝って素早く上り下りするので、
かんたんにはつかまりません。

ガンガゼエビは、ガンガゼのとげの間にすむことで、
安心して生きられます。
いっぽう、ガンガゼにとって、とくにいいことはありません。
しかし、害もないので、そのままにしています。

ガンガゼエビ

ガンガゼのとげの間から出ることは、ほとんどない。食べ物も、とげの間で取る。

分類 ● 甲殻類エビ目（十脚目）テナガエビ科
体長 ● 約2cm
食べ物 ● 水中の有機物など
生息環境 ● 岩場やサンゴ礁
分布 ● インド洋～太平洋、日本（本州中部以南）

ガンガゼ

ウニのなかま。体から上向きに出るとげは長いが、下向きに出るとげは短い。長いとげは、20センチメートル以上にもなる。

分類 ● 棘皮動物ガンガゼ目ガンガゼ科
殻径 ● 6〜7cm
食べ物 ● 海そう、岩についている動物など
生息環境 ● 岩場やサンゴ礁
分布 ● インド洋〜西太平洋、日本（房総半島以南）

海の生き物にとって、海は、とても危険なところです。
いつ敵におそわれ、食べられてしまうか、わかりません。
まだ体の小さい子どものうちは、なおさらです。

そこでコバンザメは、ちえをはたらかせました。

頭の上にある小判型の吸ばんで、サメやウミガメなどの
大きい動物に張りついて、くらすことにしたのです。

大きい動物のそばにいれば、敵におそわれる危険が少なく、
コバンザメも安心というわけです。

コバンザメは、大きい動物に張りつくことで、
安心なだけでなく、食べ残しにありつくことができます。
いっぽう、サメやウミガメなどの動物にとっては、
コバンザメに張りつかれて、いいことはありません。
しかし、とくに害もないので、そのままにしています。

コバンザメ

サメのなかまではない。成長すると、サメなどに張りつかず、自分で泳ぐこともある。

- 分類 ● 魚類スズキ目コバンザメ科
- 全長 ● 約100cm
- 食べ物 ● 小魚、エビ、イカなど
- 生息環境 ● 沿岸の浅い海
- 分布 ● 世界の熱帯〜亜熱帯の海域

ニシレモンザメ

がっしりした体つきで、背中の灰色が黄色みがかっている。おもに、夜に活動する。

- 分類 ● 魚類メジロザメ目メジロザメ科
- 全長 ● 2〜2.5m
- 食べ物 ● 魚、イカやタコ、エビやカニなど
- 生息環境 ● 沿岸の浅い海
- 分布 ● 東太平洋、大西洋

ここはアジアの、熱帯の草原。
スイギュウの背中に、アマサギが乗っています。
これは、スイギュウの体についた寄生虫を
アマサギが食べてくれているようにも見えますが、
じつは、そうではありません。

大きな体のスイギュウが、のっしのっしと歩くと、
ふまれてはいけないと、スイギュウの足もとから、
つぎつぎに昆虫が飛びだしてきます。

アマサギは、スイギュウのそばにいることで、
草むらから飛びだしてくる昆虫を、
かんたんに手に入れることができるのです。

いっぽう、スイギュウには、アマサギを乗せて、
とくにいいことはありません。
しかし、害もないので、そのままにしています。

アジアスイギュウ

10〜30頭ほどの群れでくらす。最長2メートルにもなる角は、オスにもメスにもある。絶滅危惧種。

分類 ● ほ乳類ウシ目（偶蹄目）ウシ科
体長 ● 2〜2.8m
体重 ● オス800〜1200kg　メス600〜800kg
食べ物 ● 湿地の草、木の葉など
生息環境 ● 森林の水辺　分布 ● インド、東南アジア

アマサギ

日本には、おもに夏鳥としてくる。子育ての時期には、頭部から胸にかけての羽毛が、白からオレンジ色に変わる。

分類 ● 鳥類ペリカン目サギ科
全長 ● 約50cm　**体重** ● 約120g
食べ物 ● カエル、昆虫など　**生息環境** ● 草原、水田、畑
渡りをする個体の分布 ● 北アメリカ・アジア（■子育ての場所）、アフリカ～アメリカ大陸（■冬ごしの場所）
渡りをしない個体の分布 ● アフリカ～アメリカ大陸（■）

35

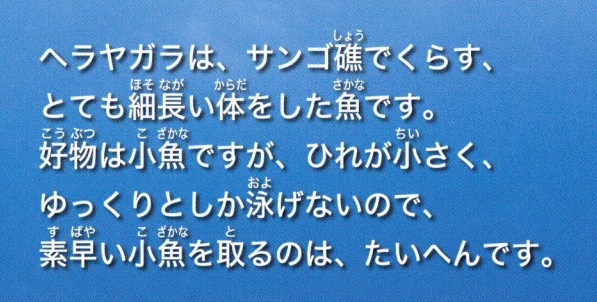

ヘラヤガラは、サンゴ礁でくらす、
とても細長い体をした魚です。
好物は小魚ですが、ひれが小さく、
ゆっくりとしか泳げないので、
素早い小魚を取るのは、たいへんです。

そこでヘラヤガラは、ちえをしぼりました。

ヘラヤガラ

3種が知られている。体の色は黄色やピンクなど
さまざま。えものは吸いこんで食べる。

分類 ● 魚類トゲウオ目ヘラヤガラ科
全長 ● 約90cm　食べ物 ● 小魚、小型のエビやカニ
生息環境 ● 沿岸の岩場やサンゴ礁
分布 ● インド洋〜太平洋、大西洋、日本（相模湾以南）

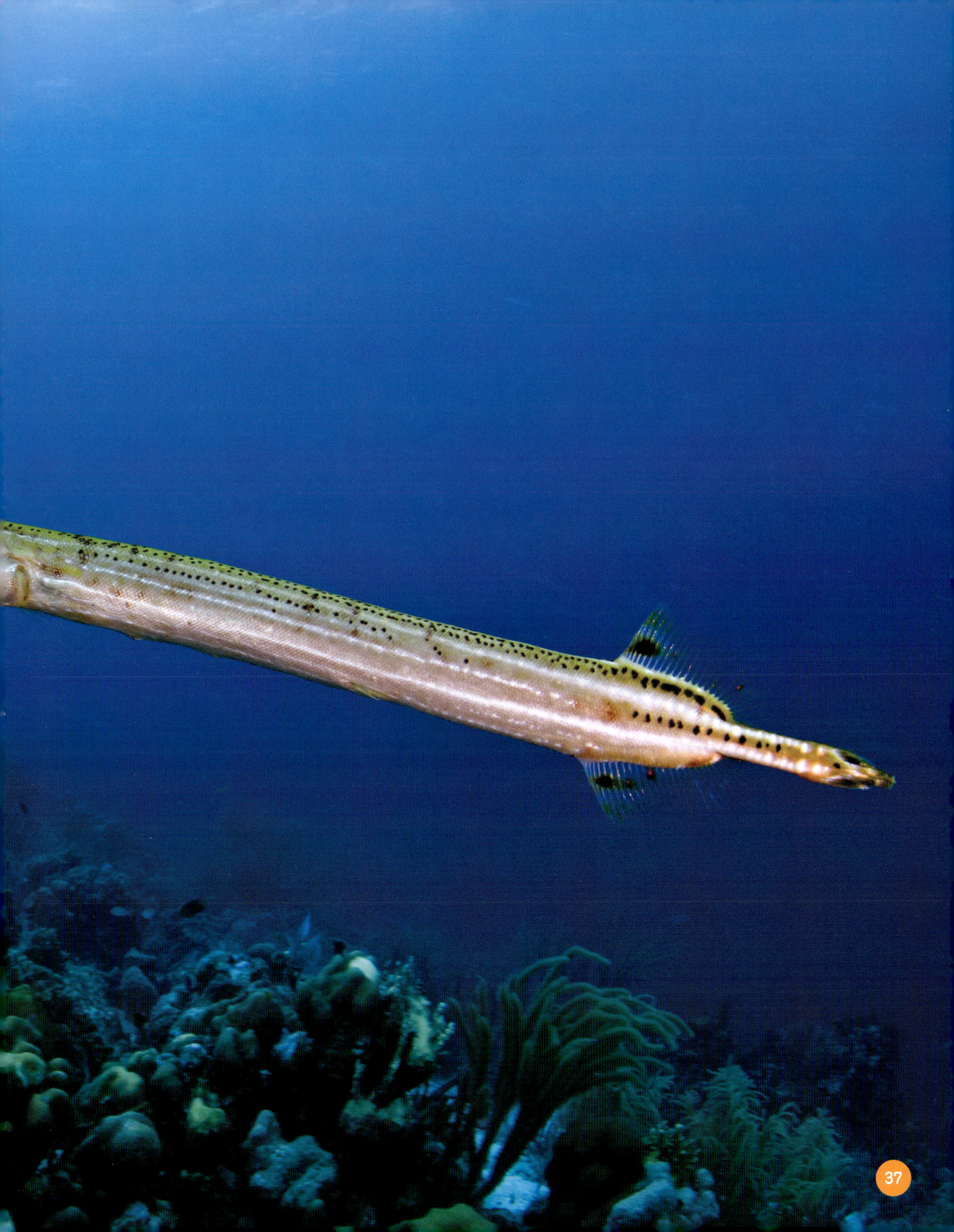

アオブダイのそばにいることにしたのです。

アオブダイの歯は、上下がそれぞれ1枚にくっつき、鳥のくちばしのようになっています。
そして、そのがんじょうな歯で、死んだサンゴの表面についた藻を、かじりとって食べます。

このとき、アオブダイのまわりには、おこぼれを食べようと小魚が集まります。この小魚を、ヘラヤガラは、細長い口で吸いこんで食べるのです。

ヘラヤガラは、アオブダイのそばにいることで、楽をして、小魚をとることができました。
いっぽう、アオブダイに、いいことはありませんが、とくに害もないので、気にしていないようです。

クイーンパロットフィッシュ

アオブダイのなかま。昼間に活動し、夜は岩や海そうのかげで休む。オスの体はあざやかな青色だが、メスは赤茶色。

分類 ● 魚類スズキ目ブダイ科
全長 ● 最大44cm　食べ物 ● 藻など
生息環境 ● サンゴ礁
分布 ● メキシコ湾、カリブ海

動物たちは、生きのびるために、
さまざまにちえを使って、
ほかの動物と助け合ったり、
ほかの動物を利用したりして、
ともに生きています。

動物のともに生きるちえ

　生物が、自分とは別の種類の動物と密接な関係をもって、いっしょに生活することを「共生」といいます。共生をする関係は、次の3つのタイプに分けられます。
　1つ目は、両方の動物がどちらも得をする関係で、「相利共生」といいます。2つ目は、片方の動物だけが得をして、もう一方は損も得もしない関係で、「片利共生」といいます。3つ目は、片方の動物が得をして、もう一方の動物は害を受ける関係で、「寄生」といいます。これら3つのタイプの共生関係のうち、この本では、相利共生と、片利共生について紹介しています。
　アリがアブラムシを敵から守り、アブラムシがおしりから出すあまいしるをアリに吸わせる関係は、おたがいが得をするので、相利共生です。ソメンヤドカリは、自分の入っている貝がらにイソギンチャクをくっつけて、天敵であるタコがおそってきたときに守ってもらいます。これはあたかも、たよりになるボディガードをやとっているようなものです。イソギンチャクも、ソメンヤドカリの貝がらに乗っているおかげで、いろいろな場所に移動できるので、この関係も相利共生です。
　小さなエビのなかまであるガンガゼエビは、ガンガゼというウニのトゲの間にすんで、身を守っています。ガンガゼにとって、ガンガゼエビがいることは害ではありませんが、得にもなりません。このような関係が、片利共生です。
　動物は、自分で栄養をつくることができないので、植物や別の動物を食べるという形で、ほかの種類の生物と関係をもちながら生きています。しかし、助け合ったり、一方的に利用したりするという形で、別の種類の動物どうしがともに生きる共生の関係は、動物が生きのびるために、長い時間をかけて身につけた「ちえ」とよぶのにふさわしいものです。

　　　　　　　　　　　　　　　　　　　　　　　　　　　成島悦雄（元井の頭自然文化園園長）

ニホンジカについた虫を食べるハシブトガラス。相利共生。

監修

成島悦雄（なるしま・えつお）
1949年、栃木県生まれ。1972年、東京農工大学農学部獣医学科卒。上野動物園、多摩動物公園の動物病院勤務などを経て、2009年から2015年まで、井の頭自然文化園園長。著書に『大人のための動物園ガイド』（養賢堂）、『小学館の図鑑NEO 動物』（共著、小学館）などがある。監修に『原寸大どうぶつ館』（小学館）、『動物の大常識』（ポプラ社）など多数。翻訳に『チーター どうぶつの赤ちゃんとおかあさん』（さ・え・ら書房）などがある。日本動物園水族館協会専務理事、日本獣医生命科学大学獣医学部客員教授、日本野生動物医学会評議員。

写真提供	ネイチャー・プロダクション、FLPA、Minden Pictures、Nature Picture Library
ブックデザイン	椎名麻美
校閲	川原みゆき
製版ディレクター	郡司三男（株式会社DNPメディア・アート）
編集・著作	ネイチャー・プロ編集室（三谷英生・佐藤暁）

※この本に出てくる動物の名前は、写真で取り上げている動物に合わせて、種名、亜種名、総称など、さまざまな表記をしています。
※この本に出てくる鳥の分類は、『日本鳥類目録 改訂版第7版』（2012年、日本鳥学会）を参考にしています。
※この本に出てくる動物のなかには、絶滅のおそれがある動物もいます。本書では、国際自然保護団体である国際自然保護連合（IUCN）の作成した「レッドリスト2013」（絶滅のおそれのある野生動植物リスト）をもとに、絶滅の危険性の度合いの高いものから、順に「近絶滅種」「絶滅危惧種」「危急種」として紹介しています。
※渡り鳥の分布は3色に色分けされていますが、色分けは目安で、実際の分布と同じではありません。

分類●特徴がにた動物をまとめて整理したもの　全長●体長と尾長を足した長さ　体長●頭から尾のつけ根までの長さ
尾長●尾のつけ根から先までの長さ　体重●体全体の重さ（尾長と体重は、データをのせていないものもあります）
甲長●甲らの長いところの長さ　殻径●殻の直径　食べ物●おもな食べ物　生息環境●くらしている自然環境
分布●くらしている地域

動物のちえ❺
ともに生きるちえ　イソギンチャクとくらすクマノミ ほか
2014年3月1刷　2021年12月5刷

編　著	ネイチャー・プロ編集室
発行者	今村正樹
発行所	株式会社 偕成社
	〒162-8450　東京都新宿区市谷砂土原町3-5
	☎（編集）03-3260-3229　（販売）03-3260-3221
	http://www.kaiseisha.co.jp/
印　刷	大日本印刷株式会社
製　本	東京美術紙工

© 2014 Nature Editors
Published by KAISEI-SHA, Ichigaya Tokyo 162-8450
Printed in Japan
ISBN978-4-03-414650-7
NDC481　40p.　28cm

※落丁・乱丁本は、おとりかえいたします。
本のご注文は電話・ファックスまたはEメールでお受けしています。
Tel: 03-3260-3221　Fax: 03-3260-3222　E-mail: sales@kaiseisha.co.jp